U0353565

Zhongguo Wenhua Zhishi Duben

中国文化知识读本

主编 金开诚
编著 王付君

碉楼

吉林出版集团有限责任公司
吉林文史出版社

图书在版编目（CIP）数据

碉楼 / 王付君编著 .一长春：吉林出版集团有限责任公司：吉林文史出版社，2009.12（2022.1 重印）
（中国文化知识读本）
ISBN 978-7-5463-1523-2

Ⅰ . ①碉… Ⅱ . ①王… Ⅲ . ①民居－简介－中国
Ⅳ . ① TU241.5

中国版本图书馆 CIP 数据核字（2009）第 222462 号

碉楼

DIAO LOU

主编/ 金开诚 编著/王付君
责任编辑/曹恒 崔博华 责任校对/刘姝君
装帧设计/曹恒 摄影/金诚 图片整理/董昕瑜
出版发行/吉林文史出版社 吉林出版集团有限责任公司
地址/长春市人民大街4646号 邮编/130021
电话/0431-86037503 传真/0431-86037589
印刷/三河市金兆印刷装订有限公司
版次 /2009 年 12 月第 1 版 2022 年 1 月第 4 次印刷
开本/650mm×960mm 1/16
印张/8 字数/ 30千
书号/ISBN 978-7-5463-1523-2
定价/ 34.80元

《中国文化知识读本》编委会

关于《中国文化知识读本》

文化是一种社会现象，是人类物质文明和精神文明有机融合的产物；同时又是一种历史现象，是社会的历史沉积。当今世界，随着经济全球化进程的加快，人们也越来越重视本民族的文化。我们只有加强对本民族文化的继承和创新，才能更好地弘扬民族精神，增强民族凝聚力。历史经验告诉我们，任何一个民族要想屹立于世界民族之林，必须具有自尊、自信、自强的民族意识。文化是维系一个民族生存和发展的强大动力。一个民族的存在依赖文化，文化的解体就是一个民族的消亡。

随着我国综合国力的日益强大，广大民众对重塑民族自尊心和自豪感的愿望日益迫切。作为民族大家庭中的一员，将源远流长、博大精深的中国文化继承并传播给广大群众，特别是青年一代，是我们出版人义不容辞的责任。

《中国文化知识读本》是由吉林出版集团有限责任公司和吉林文史出版社组织国内知名专家学者编写的一套旨在传播中华五千年优秀传统文化，提高全民文化修养的大型知识读本。该书在深入挖掘和整理中华优秀传统文化成果的同时，结合社会发展，注入了时代精神。书中优美生动的文字、简明通俗的语言、图文并茂的形式，把中国文化中的物态文化、制度文化、行为文化、精神文化等知识要点全面展示给读者。点点滴滴的文化知识仿佛繁星，组成了灿烂辉煌的中国文化的天穹。

希望本书能为弘扬中华五千年优秀传统文化、增强各民族团结、构建社会主义和谐社会尽一份绵薄之力，也坚信我们的中华民族一定能够早日实现伟大复兴！

目录

一、碉楼的故事

开平碉楼与独木成林的
大榕树

（一）碉楼的功能

在文明早期，人们以氏族为单位组织生活、生产并共同抵御外敌入侵。这时候出现的是“依山据险，屯聚相保”的聚落联防形式，并且防御性的单独碉楼在碉楼与村寨关系中占主导地位。单独的碉楼分设在一寨或几寨的隘口或咽喉之地，又称烽火碉，它起瞭望和前哨防御功能。

随着社会、经济和文化的发展，氏族社会转入以家庭为单位的家族社会形态。碉楼发展的更深层次则是与住宅在空间上结合，形成了在村落整体防御之外家庭的第二道防御屏障。

陈旧的开平碉楼

具有欧式建筑风格的
开平碉楼

开平碉楼

（二）碉楼的足迹

碉楼民居在国内的分布集中在川西北的羌、藏少数民族地区、四川盆地汉族地区，以羌族碉楼为代表；赣南和闽粤客家地区以及广东五邑地区，以开平碉楼为代表。

二、寻找碉楼的“足迹”

伊斯兰的叶形券
拱式开平碉楼

（一）开平碉楼——中西合璧

1. 追溯开平碉楼

开平地势低洼，河网密布，而过去水利失修，每遇台风暴雨，常有洪涝之忧。加上其所辖之境向来有“四不管”之称，社会秩序较为混乱。因此，清初即有乡民建筑碉楼，作为防涝防匪之用。鸦片战争以后，清政府统治更为颓败，开平人民迫于生计，开始大批出洋谋生，经过一辈乃至数辈人的艰苦拼搏渐渐有些产业。到了民国，战乱更为频仍，匪患尤为猖獗，而开平因山水交融，水陆交通方便，同时侨眷、归侨生活比较优裕，故土匪常集中在开平一带作案。华侨回乡，常常不敢在家里住宿，而是到墟镇或亲戚家去，且经常变换住宿地点，否则即有家破人亡之虞。后来，一些华侨为了家眷安全和财产不受损失，在回乡建屋时，纷纷建成各式各样碉楼式的楼房。这样，碉楼林立逐渐成为侨乡开平的一大特色，最多时达3000多座，现存1833座。

2. 中西文化的融合

开平碉楼罕有地体现了近代中西文化在中国乡村的交融，它融合了中国传统乡村建筑文化与西方建筑文化的独特建筑艺

中西文化的交融在开平碉楼身上得到了完美体现

术，成为中国华侨文化的纪念丰碑，也是那个历史时期，中国移民文化与不同族群之间文化相互影响、交融的产物。中国领土上西洋特色的建筑，大都是洋人用坚船利炮“打”进来的，带有西方殖民者硬性移植的色彩；而开平碉楼，却充分体现了华侨主动吸取外国先进文化的一种自信、开放、包容的心态，他们把自己的所见所闻，加上自己的审美情趣，融注在千辛万苦建成的碉楼上，不同的旅居地，不同的审美观，造就了开平碉楼的千姿百态。

开平碉楼吸收了西方文化的因素

3. 中西合璧的造型

世界文化遗产开平村落附近风光

开平碉楼有中国传统硬山顶式、悬山顶式，也有国外不同时期的建筑形式、建筑风格，如古希腊的柱廊、古罗马的券拱和柱式、伊斯兰的叶形券拱和铁雕、哥特时期的券拱、巴洛克建筑的山花、文艺运动时的装饰手法以及工业派的建筑艺术表现形式等等。它不单纯是某一时期某一国家某一地域建筑艺术的引进，而是整个世界的建筑艺术都融进了开平的乡土建筑之中，因此我们无法将开平碉楼和民居具体归入某种西方建筑风格。准确地讲，它应该是中外多种建筑风格“碎片”的组合，是多种建筑类型相互交融的产物。

羌族碉楼

（二）羌族碉楼——活化石

羌族是我国最古老的民族之一，在民族的发展过程中，形成了富有自己民族个性特征的文化。羌族碉楼作为无言的历史，是羌族文化的见证，早在《后汉书》中就有对羌族碉楼的记载。可以说羌族碉楼文化就是羌族历史文化的一个写照，羌族碉楼文化的传承和保护是延续羌族文化的火焰。1988年在四川省北川县羌族乡永安村发现的一处明代古城堡遗址“永平堡”，历经数百年风雨沧桑仍保存完好。

1. 追溯羌族碉楼

羌族早期是一个以养羊为主的游牧民族。羌碉的出现，是羌族逐水草而居转向农耕经济定居生活的一个标志。

迁徙后的羌族首先要选择一个地方定居下来，为了生存和防御的需要，定居在了河谷两岸险峻的山腰或者山顶。岷江、湔江、涪江上游地区的片石、青石、鹅卵石，以及山间的黄泥青枫、楠木等木料，构成了建筑羌碉的优质自然材料。于是在生存、防御等需要的基础上，羌人开始“垒石为碉”。根据羌族史诗《羌戈大战》记载，羌人在迁徙的途中遇到了种种困难，而能

羌族碉楼是羌族文化的见证

四川阿坝地区的羌族碉楼

够成功定居下来，离不开天神的庇护，所以在精神世界的需求下，原始宗教的意识也融入了羌碉之中。可以说，羌碉的出现与物质生存需求、精神宗教需求是分不开的。

由游牧到农耕，环境的巨大改变，羌民族不得不由“攻”转“守”，防御能力的强弱直接决定着生存质量的高低。西汉时，冉龙羌人为了加强防守，于公元前 111 年汉武帝平西南夷之前开始大量修建羌碉备战。随着防御要求的增加，此时羌碉的形态由低层、棱角少向高层多棱碉发展。东汉的暴政也使整个西北、西南羌族地区大规模建造碉楼。由此可见，碉楼产生于西汉之前，而兴盛于汉，兴盛的地区主要分布在岷江、湔江、涪江上游等冉龙羌人、白草羌人等地区。

2. 羌族古碉楼震不垮的奥妙

1933 年茂县叠溪发生 7.5 级大地震，茂县附近的羌碉寨房都无大碍。1976 年松潘、平武 7.2 级大地震，直线距离仅有 60 公里的 88 座黑虎群碉仍屹立不倒。2008 年 5 月 12 日，四川龙门山断裂带上 8 级浅表性地震，处在此位置上的理县桃坪羌寨仍完好无损。由此可见碉楼的抗震性能，

羌族碉楼群

也可以看到羌碉在人类战争和自然战争双重压力下的抗争生存。

中共中央党校文史部教授徐平介绍说，碉楼之所以能够抗震，可能跟下面的几个原因有关：第一，施工时，先挖地基，一般挖至硬岩，以基岩为基础。第二，墙体全部用毛石砌成，砌筑时石块的大头向外，交接处要采用“品”字形结构。第三，墙体均做收分处理，下半部多于上半部，以降低重心，增加稳定性，形成类似金字塔的坚固结构。

羌族古碉楼采用“品”字形结构，增加了稳固性

同时，在砌造墙体的过程中，建筑师

羌族碉楼

还要将麦秆、青稞秆和麻秆用刀剁成寸长，按一定比例与黄胶泥搅拌后接缝，使泥石胶合。这种黏合剂不但能起到很好的连接和铺垫作用，也能增强整个砌体的刚度和强度。

碉楼不倒的另一个奥秘，可能是碉楼每个房间的面积大多只有3—4平方米。每一间都结合得非常紧密，甚至连开窗也特别小。

碉楼的墙体都很厚，不但外墙厚，房间之间的隔墙也很厚，这有效地增强了碉楼的抗震性。川陕总督张广泗在久攻不下大小金川后，曾向乾隆诉苦说，用劈山大

汶川茂县是阿坝州的羌族聚居区，沿途随处可见羌族碉楼

炮攻击碉楼，“若击中碉墙腰腹，仍屹立不动，唯击中碉顶，则可去石数块，里面的人则安然无恙”。

三、解读碉楼

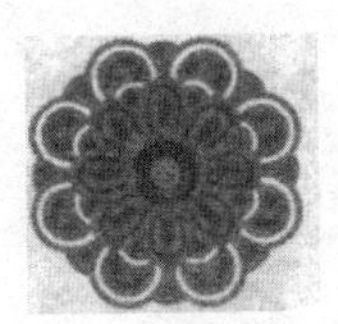

（一）碉楼的建筑

1. 羌族碉楼的建筑

羌碉的建造首先要考虑选址，选址的责任由羌族文化传承者“释比”担任，羌寨一般都建在河谷两岸较为险峻之处。释比同时要举行开坛仪式，请求天神的保护，建造坚固的羌碉。

选好地址后，地基一定要挖至坚硬的山石处。然后是确定建造碉楼的外形，是多少棱角的，以便配合好材料。羌碉垒至一层或两层时，需要考察一段时间，在日

羌族碉楼房间紧凑，窗口很小

羌族碉楼依山而建

晒雨淋中了解整体是否合格，并决定是否继续加层修建。精湛的羌碉建筑技术使得整个过程不需要挂墨吊线。

羌碉地宽顶窄，下大上小，墙体从下至上逐渐向内倾斜，形成巨大的向心力，保持了良好的坚固性。羌族工匠在建造羌碉时每一项指标都要重点考虑抗震系数。羌族生活在汉藏之间的一个地震活跃地带，羌碉就建在岷山山脉、龙门山山脉等断裂带，然而在这样一个危险的断裂带上，历经千年的羌碉却能完整保存至今。

2. 开平碉楼的建筑

开平碉楼是世界先进建筑技术广泛引

远观开平碉楼

入中国乡村民间建筑的先锋。近代中国城镇建筑已经大量采用了国外的建筑材料和建筑技术，开平碉楼作为一种乡土建筑也大量使用了进口水泥、木材、钢筋、玻璃等材料，钢筋混凝土的结构改变了以秦砖汉瓦为主的传统建筑技法，这为更好地发挥它的使用功能，同时又注意形式的变化和美感创造了条件。开平的华侨和工匠是西方先进建筑材料和技术的引进者。

（1）开平碉楼的影像

开平碉楼为多层建筑，远远高于一般的民居，便于居高临下防御；碉楼的墙体比普通的民居厚实坚固，不怕匪盗凿墙或

开平碉楼马降龙村天禄楼

火攻；碉楼的窗户比民居开口小，都有铁栅和窗扇，外设铁板窗门。碉楼上部的四角，一般都建有突出悬挑的全封闭或半封闭的角堡（俗称“燕子窝”），角堡内开设了向前和向下的射击孔，可以居高临下地还击进村之敌；同时，碉楼各层墙上开设有射击孔，增加了楼内居民的攻击点。

（2）开平碉楼的分类

首先，从建筑材料来分，大致有以下四种：

钢筋水泥楼。这种楼多建于20世纪二三十年代，是华侨吸收世界各国建筑不同特点设计建造的。整座碉楼全部用水泥、

开平碉楼村落远景

砂、石子和钢筋建成，建成之后，极为坚固耐用，但由于当时的建筑材料靠国外进口，造价较高，为节省材料，也有的在内面的楼层用木阁组成。

青砖楼。青砖碉楼包括内泥外青砖、内水泥外青砖和青砖砌筑三种。内泥外青砖，这种碉楼，实际上就是上面说的泥砖楼，不过，它在泥墙外表镶上一层青砖，这样，不但美观，而且可以延长碉楼的使用寿命。内水泥外青砖，这种碉楼的墙，表面看上去是青砖建筑，其实是里、外青砖包皮，中间用少量钢筋和水泥，使楼较为坚固，但又比全部用钢筋水泥省钱，且保持美观的特点。青砖楼，全部用青砖砌成，比较经济、美观、耐用，适应南方雨水多的特点。

泥楼。包括泥砖楼和黄泥夯筑楼两种。泥砖楼是将泥做成一个个泥砖晒干后用作建筑材料。为了延长泥砖的使用寿命，工匠们在建筑泥楼时，往往在泥砖墙外面，抹上一层灰沙或水泥,用以防御雨水冲刷，从而起到保护和加固的作用。黄泥夯筑的碉楼是用黄泥、石灰、砂、红糖按比例混合作为原料,然后用两块大木板夯筑成墙。

这样夯筑而成的黄泥墙，一般有一尺多厚，其坚固程度可与钢筋水泥墙相比。

石楼。即用山石或鹅卵石作建筑材料，外形粗糙、矮小却坚固耐用，这种碉楼数量极少，主要分布在大沙等山区。

其次，从使用功能上看分为三类。

众楼。出现最早，建在村后，由全村人家或若干户人家共同集资兴建，每户分房一间，为临时躲避土匪或洪水使用。其造型封闭、简单，外部装饰少，防卫性强。

居楼。居楼数量最多，也多建在村后，由富有人家独资建造，它很好地结合了碉

开平碉楼

楼的防卫和居住两大功能，楼体高大，空间较为开敞，生活设施比较完善，起居方便。居楼的造型比较多样，美观大方，外部装饰性强，在满足防御功能的基础上，追求建筑的形式美,往往成为村落的标志。

更楼。出现时间最晚，主要建在村口或村外山岗、河岸，它高耸挺立，视野开阔，多配有探照灯和报警器，便于提前发现匪情，向各村预警，是周边村落联防需要的产物。

（二）开平碉楼的风采

开平侨乡自力村更楼

开平南楼

1. 抗日据点

开平碉楼，在抗日战争后期，为阻止日寇开辟四邑直通两阳之捷径——由新会、江门出广州，连结成一条由南路向广州撤退之交通线，起过一定作用。其中，以坐落在赤坎镇腾蛟村的南楼最为出名。南楼，位于开平市赤坎镇腾蛟村，南临潭江，扼三埠至赤坎水陆交通之要冲，地势险要。1912年，司徒氏人为防盗贼而建此楼。楼高7层19米，占地面积29平方米，钢筋混凝土结构，每层设有长方形枪眼，第六层为瞭望台，设有机枪和探照灯。抗战时期，司徒氏四乡自卫队队部就设在这

开平南楼与七烈士雕像遥相辉映

里。1945 年 7 月 16 日，日寇为了打通南路干线以便撤退，从三埠分兵三路直扑赤坎镇，国民党军队闻风而逃。司徒氏四乡自卫队的勇士们凭据南楼抗击日军，给敌人以沉重打击。17 日赤坎沦陷。当日晚，日军从陆路包围南楼。由于敌我力量悬殊，又无援军，自卫队部分队员在激战中突围出去，留下司徒煦、司徒旋、司徒遇、司徒昌、司徒耀、司徒浓、司徒炳等七名队员坚守南楼，战斗七天七夜，重创日军。在弹尽粮绝的情况下，七勇士把枪支砸毁，在墙上写下遗言：誓与南楼共存亡。日军久攻不下，调来迫击炮等重型武器进行轰击，但因楼房坚固，不能奏效。最后，灭绝人性的日寇向南楼施放了毒气弹，七壮士昏厥后被捕，敌人把他们押赴赤坎司徒氏图书馆的日军大本营，施以酷刑后残暴杀害，并将烈士遗体斩成数段抛入江中。抗战胜利后，开平人民在赤坎镇召开追悼大会，开、恩、台、新四邑 3 万多人参加了大会，足见烈士的英勇事迹深得人心。

2. 共产党地下活动场所

开平境内不少碉楼在各个革命阶段共产党开展的革命活动中起过积极的作用。1942 年，经过共产党员关仲的艰苦工作，

开平境内不少碉楼在抗日战争时期起过积极的作用

开平岭南碉楼

开平第一个农民协会——百合虾边农民协会宣告成立，关以文被选为农会会长，他经常利用自己的碉楼“适楼”与委员们研究农会事务，开展各项活动。1938 年 8 月 18 日，中共开平特别支部在塘口区以敬乡庆民里谢创家的碉楼“中山楼”开会宣告成立，谢创被推选为特支书记。会上，确定以抗日救亡为中心，领导开平人民开展抗日救亡运动，使开平革命斗争进入新的阶段。“中山楼”是谢创同志的父亲谢永珩先生于 1912 年兴建，为纪念孙中山而取名。在抗日战争时期，“中山楼”一度是开平党组织的重要活动中心，中共开平特别支部、区工委、县委和中共四邑工委、广东省西南特委等领导机关均曾在“中山楼”设立，各种革命活动的研究、布置，都在这个碉楼里进行。因此，这个碉楼成为当时抗日救亡运动的指挥中心，在开平抗日救亡运动中发挥了重要作用。

（三）碉楼的文化

1. 羌族碉楼——石头写成的历史

羌族碉楼记录了羌族人民对文化的创造和追求，其独特的文化与华夏主流文化差异较大，赋予世界文化以丰富的内涵，有着较高的欣赏价值和保留价值。

羌碉不仅反映了羌族古代文化，而且还包含着浓厚的宗教色彩。羌人为了表达自己对所崇拜神灵的笃信，抒发自己炽热的情感，也为了一切崇拜仪式的开展和进行，他们将自然界的诸神或有祖先崇拜性质的家神等许多种不同的神灵供奉在家里。

在一进碉房的左前方屋角就设有神龛，用木板制成，下面贴有灶薇花，羌人称之为神衣。在神龛上一般供有家神，泛称角角神，是羌家镇邪的保护神，掌管家中全部事务。包括祖先神（莫初）；女神（西帕露），保佑妇女工作之神；男神（密怕露），保佑男子工作之神；牲畜神（油扎麦次巴杂色），保佑六畜兴旺的神。除此之外，神龛里还分上中下三层供奉着所有的内神外神，可达十几种。在神龛边专门设有财神（比阿娃色）的神位，代表招财进宝。在神龛下房屋中心设有火神（蒙格色），称为“锅庄”，即在火塘上放一铁或铜、石质的三足架（希米），在右上方一脚系一小铁环，这便是火神的神位。它既是羌人对火的崇拜的表现，又吸收了汉族灶神

这座羌族碉楼有
30 多米高

羌寨碉楼和粮仓

的概念。火塘里的火种终年不熄，有“万年火”之称。平时全家聚会、接待客人、节日歌舞以及祭祀祖先等都在锅庄旁边进行，但任何人不得跨越火塘，不能在火塘边吵架或说不吉利的话，否则被视为冒犯神灵。

另外，在粮仓和存放贵重东西的地方设有仓神(贝格色)，守管家庭粮食和财物。在门上有门神(迪约泽色)，又分左门神(独蒙色)和右门神(那蒙色)。羌人常说“千斤的龙门，四两的屋基”，可见他们对大门看得相当重。门神可以挡住三灾六难，破败是非，放进人财二友。

羌族将地位最高、最神圣的天神以乳白色的石英石(阿渥尔)作为象征，供奉在屋顶四角以及小塔的塔尖上。他们相信天神能主宰万物，祸福人畜，能避邪免灾，为本民族最高的保护神，也代表房屋神，保佑住房的稳定安全。

此外，从事专门行业的家庭，还供有各自行业的祖师神。如端公(许，即巫师)家里供有“猴头神”；医生家里供“药王神”；石匠家里供“石匠神”；木匠家里供“鲁班”；铁匠家里供“太上老君”……一些受汉族影响较深的地区，还供有“天帝君亲师”位。

羌族碉楼

碉楼群前的荷塘

2. 问碉楼——融化在音乐中的羌碉

“问我神、问我神、问我神、问我神……

哦 .... 嗬 ....

屹立在山间的碉楼 哦嘞学

有谁知道你的心

水中倒影的小路 哦嘞学

千里荒原月独明

屹立在风中的碉楼 哦嘞学

开平碉楼附近的农田

我最知道你的心

天空徘徊的羌鹰 哦嘞学

声声呼唤却为谁

碉楼哟 尤西里热纳 舍

碉楼哟 尤西里热纳 舍

碉楼哟 尤西里热纳 舍

碉楼哟 尤西里热纳 舍

啊嗨

借一块你的石砖 舍卓

开平碉楼景观

垒起我的梦想

借一盏你的灯光 舍卓

照亮我的远方

借一把你的羌土 舍卓

抚平我的忧伤

借一只你的羌笛 舍卓

伴着我歌唱

碉楼哟 尤西里热纳 舍

碉楼哟 尤西里热纳 舍

碉楼哟 尤西里热纳 舍

碉楼哟 尤西里热纳 舍

啊嗨

借一块你的石砖 舍卓

垒起我的梦想

借一盏你的灯光 舍卓

照亮我的远方

借一把你的羌土 舍卓

抚平我的忧伤

借一只你的羌笛 舍卓

伴着我歌唱

借一块你的石砖 舍卓

垒起我的梦想

借一盏你的灯光 舍卓

照亮我的远方

借一把你的羌土 舍卓

抚平我的忧伤

借一只你的羌笛 舍卓

伴着我歌唱

问我神、问我神、问我神、问我神

问我神、问我神、问我神、问我神

问我神

3. 开平碉楼楼名及楹联文化

（1）楼名文化

迎龙楼。建于赤坎镇芦阳村三门里，是最早修建的碉楼。该楼按族谱记载，约建于明嘉靖年间，倡建者为“圣徒祖婆”；占地152平方米，红砖土木结构，墙厚93公分，楼高三层，初名“迓龙楼”。

芦阳村位于罗汉山下游，每每大雨降临、山洪爆发，村人就得收拾细软，携男带女逃往高处。圣徒祖阿婆见此情况，于是变卖首饰并发动村人集资修建了“迓龙楼”。取名“迓龙”，其含意是，善待龙王，并与其为友，使它莫再生洪水为害村民。事实上，“迓龙楼”建成后，天灾人祸依然不断，但它在很长的一段时间内也真正担当起为村民消灾避祸的壁垒的作用。

1919年，村人见楼体破烂，集资重修，

迎龙楼

开平迎龙楼墙体

拆第三层用青砖重建，并顺潮流使用新文化更名为“迎龙楼”。

无独有偶，在现存的碉楼中，大沙镇大塘村也有一座“迎龙楼”。该楼约建于清代同治年间，楼高三层，占地二十多平方米，保存较为完好，可惜楼上字迹已剥落。大沙五村处有座状元山，龙是从山毛岗经水桶坳回状元山的。建此楼就是希望将他迎来此地，歇歇脚，显显龙气。

（2）楹联文化

塘口镇四九村虾潮里吴朝林，居楼取名曰“中安”，为表心意，特意刻了一副对联“中原有备，安土能耕”，忧国忧民之心跃然纸上，如今读之，依然生出几分敬意来！

塘口虾潮村的众人楼名称被村人拟定为“群安楼”，其对联为“群居自乐，安业同欢”，倘真能如此，那距陶渊明之“童孺纵行歌，斑白欢游艺”的理想桃花源相去不远矣。

塘口镇龙和村旅美华侨陈以林于 1921 年归乡建了一座四层高的居楼，命名“居安”，并郑重其事地题了副门联：“居而求志，安以宅人”，将愿望挂在门前以明志。百合镇儒北村均安里的“双安楼”，其拟就的楹联“行道有福，与德为邻”，侨梓双方互祝互勉、盛意拳拳。

塘口龙和村龙蟠里吴龙宇、吴龙其兄弟建了一幢四层楼的居庐，取名“永福”楼，并在门前加添了对联作注脚“永久帡幪如广厦，福常宠锡在本楼”。道出自己建楼可利己利人，有杜甫“安得广厦千万间，大庇天下寒士俱欢颜”之风，又希望新楼既立，能更得父母理解、恩宠，表达共谋幸福、永享天伦的心路。

在赤坎虾村新村，20 世纪二三十年代

开平迎龙楼墙体

开平碉楼马降龙村天禄楼

由旅居加拿大的关姓华侨兴建，十多座碉楼各具风姿，其中最早前往加拿大并回乡带领村中兄弟外出闯世界的关国暖，将居楼建得如庄园一般华丽讲究，自命名为“如春楼”，道出归田享福之意。然而这位老侨领却又在门口拟了副颇带政治色彩的对联：“国光勃发，民气苏昭”；神楼联为“先代治谋由德泽，后人继述在书香”，爱国爱家之情兼而有之。

塘口自力村的“云幻楼”，为我国著名铁路建筑专家方伯梁的弟弟方伯泉建的“私家碉楼”，方伯泉是个读书人，青年时出外谋生，晚年回乡见祖居为两座平房，喊起贼来无处可躲，于是在1924年用积蓄在村后购地建起了外观壮美的碉楼。方伯泉目睹时局纷乱、盗匪横行，一生中庸笃厚、不爱争强好胜的他，为碉楼取了个颇有禅意的名号“云幻楼”，并在顶层天棚门口上写上横披“只谈风月”，门两侧用厚木板刻上自己亲拟的门联“云龙风虎际会常怀怎奈壮志莫酬只赢得湖海生涯空山岁月；幻影昙花身世如梦何妨豪情自放无负此阳春烟景大块文章”，不愧为夫子襟怀才子笔也。

四、感受碉楼的民俗风情

羌族接龙活动

（一）羌族的民俗风情

1. 羌族的民间传统风俗——接“龙”

接“龙”是羌族少数地区的民间传统，主要流传地区为阿坝藏族羌族自治州汶川县。

春节前夕，人们首先要扎成一条九节长龙，但是到了接“龙”的时候就不一定是九节长龙了，而是因地大小而宜；耍龙的人则是由凑分的户头出一个壮小伙；配乐的老人是自愿参加的。

接“龙”的时候很简单：晚饭后，主家要准备好“九碗”（包括坚果、香肠等），还有分分钱，分分钱要用红纸包起来，以求吉利。当“龙”来到自家门口时，由主家的一个男丁点燃火炮，以此来迎接“龙”，而最长的男丁则要对着“龙”头叩三个头，并且烧起一些黄纸。紧接着，“龙”就会进入主家堂屋，进屋后，“龙”要对着神龛叩三个首，并且在屋内转圈。完毕后，“龙”要从尾部开始向堂屋外退出。如果主家的院子比较大，就会在院坝里耍“龙”，“龙”耍得不算好，但很有味道。休息片刻，主家会将早已准备好的“九碗”摆出来给大伙儿吃！酒是少不了的，尽兴时，老人们就会唱花灯。时间不会太长，花灯主要讲述的是天王木比塔的七个女儿。最后，再燃起鞭炮将“龙”送走，同时也要给管事分分钱(钱不在多，只求来年风调雨顺)。接着，他们就会到下一家送吉祥去了……

舞龙

送“龙”（送的就是吉祥），一直从正月初二延续到元宵节，到了元宵节那天，每户要有一人参加来结束今年的送“龙”，将“龙”封起来，来年再用。此活动一举行，就要连续举行三年。三年后，就要将龙毁掉，称作“罢龙”。

2. 羌族喜庆

羌族锅庄

羌族姑娘们好羞，不轻易表露自己的感情，一旦爱上了哪个小伙，从订亲那天起便做袜子、鞋子等礼物，以表达自己的爱慕之情，往往都是“先结婚，后恋爱”。

结婚仪式开始前,搭一个临时性的“主席台”，让一些有身份、有名望的老人坐上去。酒坛上方,坐着寨子里最老的长辈。由这位长辈宣布仪式开始。首先，由一位老人在一片喧闹声中从酒坛子里抽出一根酒竿，向四方甩酒，用羌语说道：今天是一个十分吉祥的日子，吉日良辰，花好月圆。然后老人对新娘和寨子进行一番良好祝愿——后边一排老人起立，双手叉腰，踏着节奏，唱叙事的酒歌。内容大多是赞美羌族传说中的历史人物。

仪式完毕，人们围着火塘尽情地跳锅庄。歌声富有特色，青年男女一唱一和，一问一答。在这美好的时刻，火枪声、唢呐声响起，酒坛、肉被搬上席。一道道美味佳肴摆满了桌子。到高潮时，请媒人和接亲人出来对歌。一旦媒人和接亲人对输了，便会遭到女方客人的“攻击”。

人们唱起婚礼酒歌，如《唱姑娘》《唱亲家》等。次日清晨，新娘的闺房里，十

大山脚下的羌族村寨

几个陪伴姑娘在劝说新娘，新娘哭嫁。

唢呐声和二十四声鞭炮之后，人们背着柜子、箱子、嫁妆，伴娘把一道红绫搭在新娘身上，一齐簇拥着她出门。接亲的人们站在田坎上、小路边。鞭炮声中，接亲、送亲的队伍陪新娘离开山寨。途中每到一寨，炮手们总是放三炮，路过亲戚的家门时，家家摆出玉米、麦子、黄豆粘成的糖块为客人接风、倒茶。

新娘骑的大马由新娘寨中最老的长辈牵着，到男方寨子时，全寨人出来迎新娘。客人被迎请到临时搭建的喜棚中，男方德高望重的长者用羌语向两位新人道贺，并向诸客人道谢。而后，一群小伙子拉着新

四川阿坝羌族自治区景观

郎，姑娘们陪着新娘开始拜天地，然后各自簇拥着新郎、新娘抢房。据说谁先进入新房，将来就是谁当家。一般情况下，性情温顺的羌族姑娘即便抢先到新房门口，也会让新郎先进去。新人进房后，所有的人悄然离去。

3. 羌族节庆

（1）羌族年节

农历十月初一为羌族年节。年节的宴会又称“收成酒”。年节这天全寨人到“神树林”还愿，焚柏香孝敬祖先和天神，要用荞麦粉做成一种馅为肉丁豆腐的荞面饺，有的还要用面粉做成牛、羊、马、鸡等形状不同的动物作为祭品。次日，设家宴，请出嫁的女儿回娘家，进行各项节日活动。祈祷丰收的祭山会是全村寨的一种祭祀活动，除已婚的妇女不准参加外，全寨的人都要带上酒、肉和馍去赴会。会首由全寨各户轮流担任。届时会首要备好1只黑公羊、1只红公鸡、1坛咂酒、3斤肉、1斗青稞、13斤面做的大馍和香蜡、爆竹、纸钱等，按规定摆好，由“许”（巫师）主持祭祀，祈求天神和山神保佑全寨人寿年丰，并将山羊宰杀后煮熟，连同其他食品分给各户，称“散分子”。最后大家席

羌族祭山会

地而坐，互相品尝各自的祭祀食品。

（2）祭山会

祭山会，也称敬山节、祭天会，以寨为单位进行，从农历三月至六月，日期各不相同，较普遍为(农历)四月十二。一般在村寨附近神山的神树林举行，男子和未婚妇女参加，他们身着盛装，携各类精美节日盛宴酒食,牵牛、羊、鸡等活畜上山。祭礼由释比或年长威重者主持。祝词颂毕，杀牛、羊、鸡献天神、山神、树林神，燃柏香枝，然后再颂吉祥词，并集体还愿许愿，再给各自许愿还愿，此仪式需长达几

羌族人用祭山还愿的方式来表达对上天的崇高敬仰

羌族先民认为自然界万物有灵

小时甚至一天，众人皆叩拜不起，唯有释比或主持者可以活动。最后盟誓村规民约、祖宗传统后，集体呼号，欢宴唱歌跳舞直至尽欢而归。所余食物平均分配给全体人员。

（3）其他集会

三月三：已婚妇女敬娘娘菩萨，求神赐孩子，保佑孩子平安。

三月十二：寨子里要宰一只羊，祈求土地菩萨保佑丰收，并忌路一天，禁止过往行人进村寨，这天称为“青苗会”。

六月二十四：以寨为单位举行，祭奉川主。当天全寨休息，穿新戴花，唱歌跳舞，大办酒席，是规模最大的庙会。

2. 羌族食俗

(1) 信仰食俗

旧时羌民族认为“万物有灵”，山山水水，风风火火，树木牛羊，都是神。而且以白为吉为善；以黑为凶为恶。而一切神中，又以“白石神”为最尊贵。传说，古代的羌人“阿巴白构”部落，在与“戈基人”的“羌戈大战”中，羌人始祖天女木姐把白石头变为大雪山，挡住了穷追不舍的“戈基人”，拯救了羌人。因而羌民住房的山墙顶部都嵌有白色的石英石块，各山寨也都有专门敬白石的小庙，叫“塔子”。同时也珍爱白狗 (与“白构”谐音)。

羌族祭山会

此外，锅庄是火神，牛有牛神，山有山神，各寨都有神树，总共不下二三十种。神职人员叫“许”（相当于巫师、端公之类），老年的“许”被敬称为“阿爸许”（相当于“巫师叔叔”）。“许”的地位极高，可以坐上椅，第一个饮咂酒。

羌族祭山会

在信仰习俗方面，公认的最大的祭祀活动当推“祭山会”。

祭山，就是祭天，求山神、天神保佑。有的山寨每年只进行一次，在三至六月间进行。有的进行两到三次。举行三次的定在正月、五月、十月。因正月是岁首，五月播种，十月收获。因而有祈丰年、许愿、还愿的性质。由于祭山是在羌寨特有的白石砌成的小塔前进行，又叫“塔子会”。一般祭祀的内容为：备咂酒，杀牛羊，将牛羊血洒在塔子的周围，并由“许”敲着羊皮鼓作法。作法完毕，众人吃牛羊肉，喝咂酒。认认送馍馍给首次参加塔子会的男孩，祝贺他长大了，见“天”了。此会只准男人参加，妇女则回避。其实，祭山会的准备活动，很多天以前就开始以不同的方式进行了：四月初一，家家房顶插杉树枝，室内神台上挂剪纸花，并点松明，烧柏树枝。四月初八这天，放鸡祭山神，全寨男女都参加，由“许”主持，公推一名壮小伙子，抱上一只大公鸡，迅速跑上山坡，让它自由离去，自己觅食。若三天之内还能听见它叫，就预兆丰收。有的山寨吊狗祭山，把一只白狗吊在树上，在离狗嘴不远的地上撒些食物，如果过了七天狗还不死（相信狗有七条命），即预兆丰年。四月十二日再举行“榨山会”，男女都参加。在神树下，由“许”宰羊，宰后烧熟，全寨人分而食之，可消灾免病。谁家若有人没来，就临时折断树枝，穿一小坨羊肉带回去。

羌族人认为吃羊肉或喝羊汤可以免灾得福

与“祭山会”相平行的是喇嘛会、哑

敬山节这天，青年男子背上猎枪，带上箭，直冲山顶

巴会、敬山节，显然是受了藏族的影响。

喇嘛会，有的山寨于四月初八举行，全寨男女都参加，由喇嘛主持，杀白羊，祈天赐福。尔后煮食羊肉。认为吃了这种羊肉或喝了羊肉汤可免灾得福。有老少未来者，能尝点带回去的肉或汤，也会大吉大利。

哑巴会为每年农历四月十二至四月十五，天天上山到庙里去念经、敬山神，由喇嘛主持。其中十四、十五两天每天月亮出山前，谁也不能说话，更不能逗引别人说话，否则就是对山神不敬，因而得名“哑巴会”。毫无例外，也要举行酒宴，饮咂酒。祭品中有用面制的各种形态的小牛、小羊、小鸡等家畜，还有用萝卜和肉

羌族节日里，人们载歌载舞

做馅的三角形大饺子。

敬山节为每年农历五月十五，敬奉以白石为象征的山神、天神，由喇嘛主持。这天，青年男子要背上猎枪，带上箭，向预定的山顶冲去。其余的人则带上咂酒和熟肉以及一些印有自家图章的月牙儿形的有色麦面馍。全寨的人共同给山神敬献五谷粮食和一只大红公鸡（当场杀死），每户献一个月牙形麦面馍。喇嘛要把收到的馍一部分分给第一个冲上山顶的男人和一直为大家烧火热菜的妇女。最后，以大家吃肉、喝酒、吃馍结束敬山节庆典。

祭女神、“领歌会”。五月初三，由几名颇有活动能力的妇女带上酒、肉、馍馍等去山边的白石塔子祭女神，并“请示”

节日里，羌族人把家里装饰一新

羌族祭山会

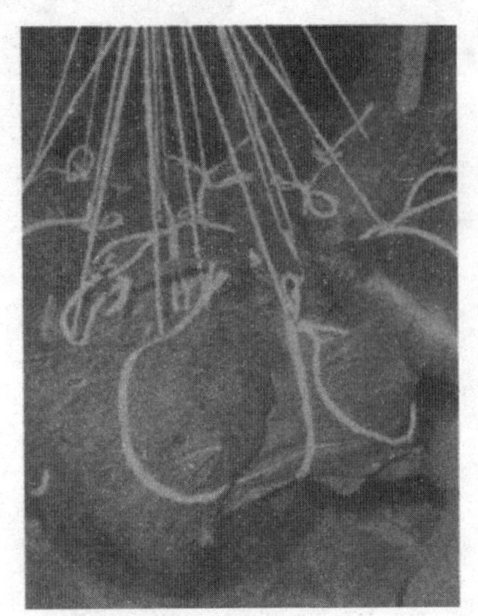
羌族人端午节也有吃粽子的习俗

即将开始的“领歌节”该唱哪些歌。获得“指示”后，于次日即五月初四，全寨妇女穿上艳丽的服饰，由老年妇女带领，在本寨挨家挨户跳古代羌族舞，唱羌族民歌，预祝各家当年丰收。各家则一律以“玉米蒸蒸酒”招待。一共跳三天，其中第二天刚好是汉族的端午节，各家也吃粽子，相当于“妇女狂欢节”。如果当年这个寨子死了50岁以下的妇女，为表示哀悼，就不举行“领歌”活动了。

十月初一为牛的生日，要到牛王庙去，杀鸡还愿，给牛喂馍馍，同时做些如日、月形的馍馍挂在牛角上，敞放牛群，任其自由走动。

除夕祭祖。阴历除夕半夜子时，新旧年交替之际，各家再次祭祖，主要是“泼水饭”（茶叶水泡着的一小碗熟粮食）。这是祭祖，也是请祖先团年。另外，还烧一堆纸，也泼水饭，而且泼得很散、很远，是祭那些没有后人的“孤魂野鬼”，让他们也分享人间的幸福。

杀替罪羊。羌族人若病死，就要杀“替罪羊”以寻找病因。死者是男，杀一只公羊；死者是女，杀一只母羊。羊由死者家出。杀前，“许”要行法事，念咒语，并向羊耳里喷凉水，羊受冷一激，浑身发抖，“许”说这是羊认罪了，忏悔了。杀后，众人再从羊内脏找原因。据说，正是因为羊的某一部分（如肺、肝、胃、肠等）有病，才害死了人。最后，羊肉煮了，众人分食，死者亲属都很悲伤，不吃。遇有其他不祥之事，如有人旧病不愈、失火等，也杀“替罪羊”。传说，古时在民族大迁徙中，“许”的经书被羊啃坏了，于是凡需以家畜替罪时，都选定羊。

玉米馍馍

（2）日常食俗

羌族民间大都一日两餐，即吃早饭后出去劳动，要带上馍馍（玉米面馍），中午就在地里吃，称为“打尖”。下午收工回家吃晚餐，主食大都离不开面蒸蒸。经常食用的面蒸蒸是将玉米粉放在甑子内蒸成颗粒状，即可当饭食用，有时将洗净的大米拌到玉米粉里，或将玉米粉拌到大米中蒸，称为“金裹银”或“银裹金”。用小麦粉和玉米粉混合做成馍放入火塘上烤熟，也是羌族日常主要食品之一。许多地区的羌族还喜食用玉米粉加推豆花的连浆水发酵，蒸成豆泡子馍馍，或将嫩玉米磨

洋芋糍粑

碎做成的水粑馍馍。用麦面片加肉片煮熟成为“烩面”；沸水加玉米粉煮成糊状，称为“面汤”，继续加玉米粉搅稠，以筷子可粘起为度，称为“搅团”，都是常吃的主食。在食用搅团时，要同时吃用白菜、圆根（芜菁）泡成的酸菜作的酸菜汤，能开胃。常用玉米、小麦、豆类先炒熟，再磨制成炒面，一般多在旅行或放牧时食用。在食用马铃薯时，羌族民间喜将马铃薯整个煮熟，然后去皮，再舂成泥状，做成糍粑，称为洋芋糍粑，用油煎或炸后，拌蜂蜜吃。也可用洋芋糍粑切片加酸菜、肉片煮汤吃。

因吃鲜菜的时间只有几个月，常年多食用白菜、萝卜叶子泡的酸菜和青菜做成的腌菜。肉食以牛、羊、鸡肉为主，兼食鱼和狩猎兽肉。

（3）节日、礼祭食俗

每逢节日、婚丧、祭祀、聚会、待客或换工劳动，除饭菜丰盛外，还必备美酒。正如一首羌谚所云："无酒难唱歌，有酒歌儿多，无酒不成席，无歌难待客"。结婚吃"做酒"，宴客吃"喝酒"，重阳节酿制的酒称为重阳酒，需储存一年以上方可饮用，重阳酒因储存时间较长，酒呈紫红色，酒醇味香，是重阳节期间必不可少的美酒。另一种被称为蒸蒸酒的饮料是将玉米面蒸熟拌酒曲酿制而成，饮用时既有酒香又能顶饭，类似于汉族的醪糟。无论年节或待客，羌族都以"九"为吉，故宴

蒸蒸酒

席时都要摆九大碗，菜肴与川菜相同。炖全鸡，习惯上用竹签撑起鸡头，使之昂起，以鸡头飨上宾（如舅父等）。

3. 羌族巫舞

（1）跳皮鼓或称羊皮鼓

跳皮鼓是羌族巫师的主要舞蹈形式，春秋战国时期就已流传。羌族人每遇病、丧之事，都要请巫师跳皮鼓。巫师一般为两人，一人举短戈在前，一人左手持单面鼓，右手持弯把鼓锤敲击，并摇晃鼓内的小铁环哗哗作响，开始在一阵吆喝和鼓声震天的热烈、紧张气氛中边击鼓边跳，走步时脚不停地颤动，带有神秘感。主要步法有：甩鼓步，两脚呈八字分开，鼓先落在两胯之间，然后向上甩，同时击鼓。两边踮跳步，前脚向前跳，后脚以脚尖点地跟出，左右交换击鼓。还有开胯下蹲跳步、松膝绕步等。也有原地打“旋子”的技巧动作，其动作节奏明快，激烈而敏捷。一般在老年人死后，跳皮鼓要进行三天三夜，死者的亲朋故友都要参加跳皮鼓，人数不限，跟在巫师身后，从右到左，或由左到右地跳动。先成曲线队形，然后成圆圈。

（2）猫舞

羌族巫师使用的“羊皮鼓”

羌族皮鼓

猫舞是农节期间的祭祀舞蹈。这种舞蹈由巫师在祭祀时跳，是羌族古老民间舞蹈的一种。舞时双手做猫爪状，有单腿踮跳、双腿蹲跳、开胯甩腰踏步等动作，多模拟猫的动态，以灵活、短线条动作为主，独具特色。

（3）跳叶隆

跳叶隆是由巫师绕着火塘跳的丧事舞蹈。巫师弓身弯腰拍手跳碎步，用脚尖踮地前行，两手前伸，颤抖不停，动作有神秘和恐惧色彩。它的某些舞姿类似猫舞。

（4）跳麻龙

跳麻龙是巫师在祈雨时所跳的舞蹈。舞者手持带把的龙头，龙身是用六七米的粗麻绳做成。舞动龙头时，长麻绳盘旋飞

羌族锅庄舞

舞，啪啪作响。其动作技巧难度颇大，舞步多采用以蹲跳为主的跳皮鼓的动作。巫师边跳边念祈雨的咒语。

4. 羌族锅庄舞

羌语称锅庄为“洒朗”。在羌族锅庄舞中，又分为喜事锅庄和忧事锅庄两种。

（1）喜事锅庄

喜事锅庄是羌人在节日、婚嫁和劳动之余所跳。男女相对，各成一排，拉手而舞。常由能歌善舞的老者带头，男女一唱一答，边唱边舞。当舞蹈进入快板时，男女两排相互交换位置，或众人拉手相继从别人腋下钻过，穿梭不停。动作以脚步多变、膝部颤动、腰胯扭动为基本特征。舞时动作随歌声节奏加快，最后达到高潮。舞者人数可达数十人之多。喜事锅庄常通宵达旦，气氛十分热烈。

（2）忧事锅庄

忧事锅庄是为老人举行丧事所跳的舞蹈。在丧事之后，死者的亲朋都参加舞蹈，一般在室外旷地表演。伴唱的内容主要是歌颂死者生前的高贵品德和表示怀念之情。舞蹈气氛低沉。舞时男在前，女在后，拉手成弧形或圆圈，动作沉稳、缓慢。各地忧事锅庄风格特点不尽相同，有的步伐单一，反复跳动，有的舞步活跃。

5. 羌族端午节

羌族端午节于每年农历五月初五举行。这天，男女老少都要饮一点雄黄酒，

羌族羊皮鼓

并擦一点在耳边和鼻边，洒一点在门前和窗前，以防蚊蝇虫蛇及秽气进入住宅，保佑家人无恙。凡能走动的人，尽可能到山上踏青踩青露，认为沾了端午露能强身健骨。

（二）开平的民俗风情

1. 水口泮村灯会

泮村灯会，又称舞灯会。于每年农历正月十三日举行。是水口镇泮村的习俗，也是一种大型的群众性民间艺术活动。各村群众和民间艺人用竹、木和各色彩纸，制成一丈多高的大花灯，装饰精致华美。灯会之日，由各村选出的青壮年组成舞灯

人们在开平碉楼前观看舞龙表演

队伍，伴以几头瑞狮，敲锣打鼓、燃放鞭炮，游行到各个村庄。舞灯开始，青年小伙子抬着花灯，在醒狮、旗队的簇拥下，在锣鼓喧天、瑞狮欢舞、鞭炮声中，逐村逐场地舞动，非常热闹。这个习俗，相传始于明朝，至今已有五百多年的历史。泮村一带都是黑石山，山形似象、狮、虎、牛、羊“五兽”，被称为“五兽地”。明朝洪武元年(1368年)邝一声自广东南雄迁到此地立村(龙田里)定居，但多年后仍人丁不旺，百业不振。据说是因五兽中狮子为王，而狮子成天打瞌睡，甚至长睡不醒，其余四兽就乘机到处为害，使泮村乡民灾患频仍。特别是每年正月十三，是最不吉利之日，祸患尤甚。邝一声选择正月十三为舞灯日，要泮村所有村庄，四方乡民(外出打工的，也待过了舞灯日才起程)，扎起三头巨型花灯，敲锣打鼓舞狮，巡游各村，所到之处，锣鼓声、炮竹声震天动地，以求将狮王惊醒，镇慑四兽，消除祸患，让泮村子孙昌盛，百业兴旺，日子太平。此后，正月十三泮村舞灯，年复一年，流传下来。

泮村灯会

2. 婚俗喜庆

正月十三泮村舞灯

（1）婚嫁

旧式婚嫁

旧式男婚女嫁都是奉父母之命、凭媒妁之言，一般经过相亲、文定、迎娶等过程。男女婚嫁一般都在16岁左右。

相亲、文定

新中国成立前，礼教森严，男女青年很少有自已择偶的机会,大多都托媒相亲。相亲后，如果男女双方都满意，男方便择日把礼金、礼品送到女家，女方收下便是正式答应男方的婚约。新中国成立后，“相亲”的习俗仍然存在，但内容和形式都有所改变。

嫁娶

姑娘出嫁前的一个星期左右要上阁，由姐妹轮流陪着，不让别人看见，这就是匿阁。所谓阁，就是在屋内一角用床板搭成可容若干人坐卧的平台，四周围上布帐。匿阁期间，主要是反复练习出嫁时唱的“女哭歌”（内容主要是感谢父母养育之恩、兄嫂教导之情和嘱咐弟妹要听长辈的话等），每次练习哭唱时厅里都挤满了听唱的亲人。

新郎在成亲之日的早上要行“上头”

礼，市内水口龙塘地区的“上头”礼最具代表性：新郎成亲之日，天未亮，长辈在家中摆设一个圆形大簸箩，并在其上放一小木斗，斗内放一些谷、一枝柏枝和若干个铜钱；新郎坐在木斗上，臀部将斗口封严以示保住钱物，再由多子多孙或有名望的长辈为新郎梳头，边梳边唱为新郎祝福之歌，然后戴上插红插花的礼帽。

结婚之日，新娘沐浴洁身，梳装打扮，待花轿一到，由择定的人背着出阁上轿；花轿抬至闸口时，弟妹上前“嘱轿”；随花轿而行的，有送行的姐妹，有挑嫁妆的人。新娘从离开娘家直到被抬出村外的过程中都唱女哭歌。

当新娘乘坐的花轿抬到男家的村口时，花轿要停下来，由同来的一名妇女撑开纸伞，由另一名同来年长的妇女手捧谷斗把“爆谷”撒向花轿，取落地开花、谷米满地之意，此时新娘就要和送行的姐妹一一道别，当轿夫起轿时姐妹们突然上前把轿杠压一下，这叫“坠轿”，以示依依不舍之意。

古时，男的不用前去亲迎，待花轿到了男家巷口，新郎披红簪花在伴郎陪同下

喜轿

用纸扇在花轿门上轻叩一下，这叫做“踢轿”。接着，由一名妇女打开轿门把新娘背出，另由两名妇女撑开纸伞遮护新娘；新娘被背到男家门口时，由男家人丁兴旺的亲属中选一男孩给新娘递上门匙，意思是要新娘从此照顾好男家门户。

一些地方，在新娘入屋时，还有“跨禾竹”俗例，其做法是：由男家的司礼人预先把扁担（禾竹）横搁在门槛上，在门前堆放些黄茅草，待新娘来到家门口时就把茅草点燃，让新娘跨过。此时，伴娘高声提醒新娘把脚抬高，不要踩中禾竹，否则，会给家姑“带来不幸”。

新郎、新娘共行拜堂之礼，仪式较严肃隆重：由司仪赞礼，新郎、新娘依唱礼

拜堂

新婚喜灯

顺序行礼，共同跪拜天地、祖先、家长，最后行互拜鞠躬礼。

新婚宴客，一般人家都很重视，富裕人家还到酒楼大摆筵席。

当新娘进入新房时，先让一群孩子爬在床上，由一名妇女把糖果、橙橘、炒米糖等撒在床上，让孩子们争抢，以取“满堂子孙”的意头。接着，一大群伴郎和看热闹的乡亲走进新房，先看新郎新娘在龙凤烛案前按司仪人赞礼进行交拜，随即开始闹新房。闹新房，主力是那班伴郎，他们各出“奇招”要新娘解答各种难题或做各种为难动作，若被难倒就要受罚，即使有时玩得“过火”一点，新娘新郎也尽量忍让，目的是让大家高兴。

新式婚嫁。

清河古镇房屋建筑

新式婚嫁的主要特征，是男女间通过自由恋爱而结合,即使有些是经过介绍“相亲”活动相识，也离不开最终因自由恋爱而结合。

新式婚嫁始于民国时期，那时有少数上层文化知识界人士提倡男女婚姻自由，并在这基础上举行新式婚礼；而政府当局亦借此新风举办过新式集体婚礼，以图改变旧式婚俗。近十多年来，新式婚嫁又出现了一些新中有旧的现象，在婚姻自主的前提下，一些家庭又复兴“礼银”“礼饼”，一般农村家庭又复兴旧式“拜堂”“送礼”和宴客等仪式。

童养媳。

贫苦人家无力抚养女孩，将女孩送与有男子人家童养，待长大后就让这家男子

公鸡代做新郎

择日拜祖圆房。此俗到新中国成立后已由政府明令禁止。

用公鸡代新郎举行婚礼

不少在国外谋生的男子，到了适婚年龄，希望在家娶个妻子以代他侍奉父母，或者父母希望为在海外的儿子成家立室以完成夙愿，但由于侨子收入不多，且交通不便而不易返回，或者因为侨子业务缠身而抽不出时间远归，回乡结婚便成了难题，于是人们想出了用活公鸡代替新郎举行婚礼的方法。其做法是：用活公鸡代新郎“上头”，就如真新郎一样，由长辈执梳在公鸡头上梳理，也边梳边念诵好意祝词；用“上头”的公鸡去迎接新娘，行“踢轿”礼，将新娘引进屋里，让新娘与公鸡一起共拜天地祖先，随即将公鸡缚在新娘房里以示

清河古镇民居建筑

与新娘共度“良宵”（到第二天天亮才将公鸡捧走）。

这种特殊的婚俗，其发展有两种情况：一种是婚后妻室留在乡下，以代侍父母，甚至还收养一子以增添家中天伦乐趣；另一种是婚后托人带新娘出国团聚。前一种情况较多，其出现的时间较早，持续时间也较长。这种特殊婚仪，已随着时代的变迁而消失。

其他婚俗。

未婚丧夫，女子持续时间到夫家与神主牌或公鸡拜堂成亲，夜晚则与木主同卧，行守孝之礼，这叫“守切”，女子则被人们称为“切娘”；如不愿守切，要待亡夫举行冥婚之后才能改嫁。此俗在民国期间渐渐消亡。

为夭折的少年男女举行婚礼，叫冥婚。此种婚礼举行之日，女方将女儿灵位、年庚及彩纸制作的嫁妆送到男家，在男子灵前或门前焚烧成礼；男方家一般置薄酒宴请亲友。“结婚”之后，双方家庭以亲家礼往来，俗称神亲戚。

男到女家落户结婚，称为入赘，除行谒祖礼外，农村一般不举行仪式。

（2）喜庆活动

婴儿满月。孩子出生后满一个月，主家摆酒席宴请亲朋戚友以示喜庆，亲友也按习俗给孩子送礼物。孩子的外婆除要给女儿（孩子的母亲）送鸡酒甜醋外，还给孩子送新衣帽、背带(背孩子用的)、包被、鞋袜等(俗称为送庚)。其他亲友送小手镯、项链、衣物等。也有人在孩子满月之时，同时举行替孩子命名剃头的仪式。剃头的仪式也有留待孩子满周岁或更大一些才举行的。

寿辰(生日)。旧习俗以人生40岁以后，

银手镯与长命锁

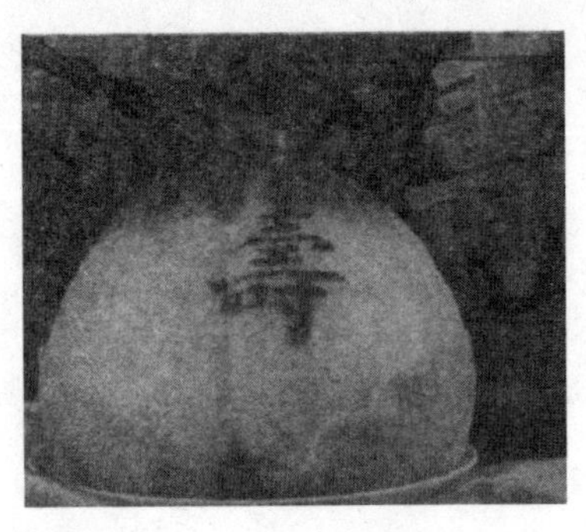

寿桃

其儿女都已长大成人，每逢生日，亲戚们便送糍粑、送“三牲”表示祝贺。至年满60岁时称为花甲之年（俗称甲子回头）也就是人们正式做寿之年，一般提早一年即59岁就做寿，取其长久之兆。做寿时大摆筵席宴请亲友；亲友们也做糍或送酒米喜帖前来祝贺。家庭富裕的还搭棚厂请八音助庆。70岁生日称为做大寿，80岁生日称为做桃寿。

新居入伙。新居落成入住，多举行入伙仪式，先安放“香火”（名叫“承伯公”），然后贴对联、鸣炮，再由家人肩挑新竹箩（内装稻米、圆肉、爆谷、柏叶、榕树叶等）、簸箕、米筛、小鸡、戽斗等依次进入，由小孩用戽斗向门内模拟戽水动作，即所谓做“戽归”（大富大贵）；备三牲拜祭天地、祖先，以祈求家人永保平安。这日，亲朋戚友都备镜画或喜帐、炮竹、酒、发糕等礼物前来庆贺，主家则设宴请饮。

担节。婚后，尤以新婚头一两年为甚，逢年过节，女家都要送礼，所送礼物每以“担”计，两箩为一担，故称担节。如“担新年”“担裹粽”“担田了”“担月饼”“担冬节”等。

五、阅读经典碉楼

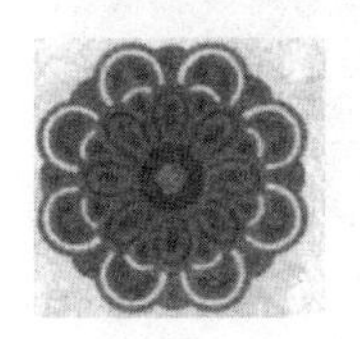

八角楼

1. 迎龙楼、八角楼

迎龙楼、八角楼为开平现存最早期的碉楼，

迎龙楼坐落在开平市赤坎镇三门里村，为关氏家族所建。明朝嘉靖年间，关氏十七世祖关圣徒夫妇捐出自家积蓄，建起了迎龙楼。

在中国，龙是吉祥的象征，将楼命名为“迎龙”是期望它给村民带来平安、好运、幸福。迎龙楼建成后，在保护民众避免洪涝和盗匪的侵袭方面起了其应有的作用。迎龙楼方形的建筑形体没有受到外来因素的影响，是开平碉楼最传统、最原始的模式。

八角楼位于月山大冈。大冈李氏来开平时，在月山发现大冈这块“罗盘宝地”，因而在山冈的中央建八角楼，围绕楼的八个角兴建大冈村。村似罗盘，落似指针。村中巷巷交织，找不到一条直巷，外人进去，如入迷宫，很难再走出村子。

2. 瑞石楼——开平第一楼

公元1923—1925年，在香港经营钱庄和药材生意致富的黄璧秀为保护家乡亲人的生命财产安全，回乡兴建了瑞石楼。

瑞石楼室内布置

瑞石楼是由黄璧秀在香港谋生、爱好建筑艺术的侄儿黄滋南设计的，施工者都是本村或附近的工匠，建楼所用的水泥、钢筋、玻璃、木材等均是经香港进口，总投资3万港元。该楼以黄璧秀的字号“瑞石”命名，“瑞石”就是美玉，即“璧”的意思。室内布置也受到西方生活的较大影响。第1层是客厅，第2至6层每层都配备设施齐全的厅房、卧室、卫生间、厨房和家具。第6层外部为柱廊，第7层为平台，平台四角各伸出一个瞭望、防卫用的圆形塔楼，南北面则以巴罗克风格的山花和中国园林景窗相结合，第8层内部放置祖先神龛，该神龛雕刻精美，堪称艺术精品，为家人

雁平楼

祭祖的精神空间所在，室外则是一周观景平台，第9层是堡垒式的瞭望塔，整体建筑呈现出中世纪意大利城堡风格。瑞石楼在立面上运用西洋式窗楣线脚、柱廊造型，大量的灰塑图案中，融入了中国传统的福、禄、喜、寿等内容，在西洋的外表下蕴涵着浓郁的传统文化气息。楼内家具形式与陈设表现出十足的传统格调，酸枝木的几案、椅凳、床柜，柚木的屏风，坤甸木的楼梯、窗户等，用材讲究、做工精致、格调高雅。特别是用篆、隶、行、草、楷等多种中国书法刻写的屏联，更具中国传统风韵。

3. 雁平楼

雁平楼位于百合镇齐塘村委会河带村，1912 年旅居加拿大华侨为防匪盗而兴建，耗资三万双毫。因其是当地最高的建筑，号称与天际飞雁齐平，故名“雁平楼”。

4. 方氏灯楼

方氏灯楼坐落在开平市塘口镇塘口墟北面的山坡上，东距开平市区 11 公里。1920 年由今宅群、强亚两村的方氏家族共同集资兴建，原名“古溪楼”，以方氏家族聚居的古宅地名和原来流经楼旁的小溪命名。该楼高 5 层 18.43 米，钢筋混凝土

方氏灯楼

方氏灯楼

结构，第3层以下为值班人员食宿之处，第4层为挑台敞廊，第5层为西洋式穹窿顶的亭阁，楼内配备值班预警的西方早期发电机、探照灯、枪械等，是典型的更楼。方氏灯楼历史上为古宅乡的方氏民众防备北面马冈一带的土匪袭击起到了积极的预警防卫作用。

5.“适庐”

位于百合镇厚山村委会虾边村村中，建于20世纪20年代，是开平第一个农会——虾边农会及中共地方党组织的活动

被树木遮档住的开平碉楼

开平碉楼通天回廊门楼

据点。该楼的四角均有一个“燕子窝”，窝内均设有枪眼。顶层为欧洲城堡式。适庐古色古香，堪称“三合土”碉楼的代表作。

6.“古镇”

赤坎镇有350多年历史，是一座具有浓郁南国特色和深厚文化底蕴的侨乡古镇。堤西路古民居多建于20世纪20年代，由侨胞、商号老板兴建。楼高一般2—3层，是中国传统建筑与西洋建筑的结合体，即在传统“金”字瓦顶及青砖结构的基础上，融入当时先进的西洋混凝土建筑材料。整齐而风格各异的骑楼是其一大特点。

开平赤坎古镇羌族图书馆

开平侨乡自力村碉楼群

7.“碉楼群”

自力村隶属开平市塘口镇，是由安和里、合安里和永安里三个方姓自然村组成。该村民居格局与周围自然环境协调一致，村落布局呈零星状。

立村之初，该村只有两间民居，周围均是农田，后购田者渐多，又陆续兴建了一些民居。鸦片战争后，人民生活困苦，加上资本主义国家发展生产需要大批的劳力，来华招募劳工，开邑地区很多人离乡背井，到国外谋生，自力村人也是这个时期开始旅居海外的。以后一个带一个，旅外者日众。他们赚了钱，便纷纷回来购田

开平侨乡自力村碉楼群

置业，尔后又返回国外，如此循环往复。20 世纪 20 年代间，因土匪猖獗、洪涝灾害频繁等原因，一些华侨、港澳同胞便拿出部分积蓄兴建碉楼和居庐。这些碉楼和居庐一般以始建人的名字或其意愿命名。碉楼的上部结构有四面悬挑、四角悬挑、正面悬挑、后面悬挑等。建筑风格方面，多带有外国的建筑特色，有柱廊式、平台

开平侨乡自力村碉楼楼顶

开平侨乡自力村碉楼铭石楼

开平碉楼群楼

式、城堡式的，也有混合式的。为了防御土匪劫掠，碉楼一般都设有枪眼，先是配置鹅卵石、碱水、水枪等工具，后又有华侨从外国购回枪械。配置水枪的目的是，因水枪里装有碱水，当土匪靠近楼体时喷射匪徒的眼睛，使其丧失战斗力，知难而退。为了增强自卫能力，很多妇女都学会了开枪射击。这些碉楼，有的是根据建楼者从外国带回的图纸所建，有些则没有图纸，只是出于楼主的心裁。楼的基础惯用三星锤打入松桩。打好桩后，为不受天气的影响，方便施工，一般都搭一个又高又大的葵篷，将整个工地盖住。建楼“泥水工”二三十人，以当地人居多。

该村现存15座碉楼，依建筑年代先后为：龙胜楼、养闲别墅、球安居庐、云幻楼、居安楼、耀光别墅、竹林楼、振安楼、铭石楼、安庐、逸农楼、叶生居庐、官生居庐、澜生居庐、湛庐。最精美的碉楼是铭石楼。该楼高6层，首层为厅房，2—4

开平碉楼前的椰树

开平侨乡自力村碉楼群和稻田

层为居室，第 5 层为祭祖场所和柱廊、四角悬挑塔楼，第 6 层平台正中有一中西合璧的六角形瞭望亭。楼内保存着完整的家具、生活设施、生产用具和日常生活用品。

自力村碉楼建筑精美，保存完好，布局和谐，错落有致，四周良田万顷，稻香阵阵，踏着田间小道，穿过绿树修竹直入村内，顿生世外桃源之感。

六、走进碉楼

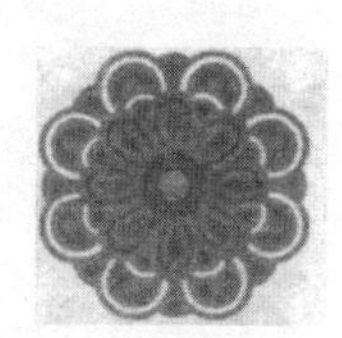

（一）千碉之国——丹巴藏族碉楼

丹巴，古称“章谷”，藏语意思是在岩石上的城镇，是大渡河上第一城，因这里古碉楼林立，又称“千碉之国”。这里有五千年前古人类活动的遗址，同时也完整地保留了嘉绒藏族的生活习俗。天人合一的甲居山寨、风景画廊“牦牛沟”、神奇的墨尔多神山和党岭山。由于一方山水的孕育，这里自古就多出美女，故又有“美人谷”之称。

丹巴的碉楼是由世代生活在这里的嘉绒藏族人所建

据说曾经有上千座碉楼分布在这个地区，虽然岁月以及各种动荡因素已经把其中大部分都毁掉了，但仍有几百座遗存下

碉楼

丹巴藏寨

来。在丹巴的梭坡和中路两个乡，甚至基本上完整保留了碉楼群的原始面貌，让人们看到世界上独一无二的古代碉楼群的壮观场面。

丹巴的碉楼一般都非常高，这样的高碉在世界上都是罕见的，大部分丹巴的碉楼，都有四五十米，高的能达到六七十米，几乎就像巨型烟囱一样。

这里大多数的碉楼是按家庭分布的，这样普及到民间的军事设施，是当时的地区统治者无法容忍的。因为这些广泛分布于民间的军事资源，很容易会对一个地域权力形成挑战。那么是什么样的地域统治者可以接受这样在民间普及的军事防御设

丹巴藏族碉楼群

施呢？我们从史书上找到了一个重要的线索。这里曾经存在过一个特殊政权——东女国。东女国是真正的女权王国，是中国，乃至世界上唯一一个真正由女性管理国家，而不是个别女人在男人的政权中参政的王国。据说，她们不仅拥有女王，而且，所有女性地位都高于男性。根据记载，这个东女国的官员，都由女性担任，而男性只能给女性当助手，地位很卑微。现在这里流行一种叫“闭目衫”的仪式，是当地的一种谈情说爱的聚会，在男女见面的过程中，女性一直坐在房间的中间，而等待的男性则委屈地躲在房间外面的阴暗处，整个聚会的过程，男性都是卑躬屈膝，说话不能大声，甚至连眼睛都要用衣服遮住，以表示对女性权威的屈从。据说，东女国的国王喜欢建造碉楼，并且住在碉楼中，而且住在碉楼的最高层；除此之外，还有副女王以及各级的女执行官，她们的居住方式都仿照女王，可以推想，这里当时会建造不少的碉楼供女王以及下属女性官员居住。女性统治者们可以通过碉楼在心理上得到更多的安全感，来弥补先天生理上的性别弱势，并且努力把碉楼建造得尽可能高，来增强神秘感和权威感。一些专家认为，由于女性对家庭的依赖，东女国的国家利益和她们的家族利益必然紧密地联系在了一起。因此，碉楼的普及，很可能就是女性王国的一种地缘政治和血缘政治相互融合的表现。她们有统一的国家，但又注重家庭的亲情，导致她们的国家和家庭形成一种亲缘纽带的联盟，因此，她们不排斥家庭继续拥有武装力量，这些密集的碉楼体现着一种家庭统治者和国家统治者分享权力的特别模式，这也许就是为什么丹巴既有大量的家庭的碉楼，也有很多公共区域的碉楼的原因。

东女国只存在了一二百年，最后因为

丹巴藏族碉楼群

先天的性别劣势而和男性握手言和了。显然短暂存在过的东女国，不可能包揽延续近千年的丹巴碉楼的建设，使这里成为千碉之国的，一定会有另外的施工参与者。据一些难得的古藏文资料考证，这里的碉楼居然和中国历史上发生过的一些重大历史事件有关联。唐朝期间，文成公主嫁给吐蕃赞普松赞干布，埋下的友谊的种子，渐渐生根发芽，双方终于决定，全面息兵罢战，世代友好。公元 823 年双方为和平结盟，并隆重地建造了会盟碑，这就是长庆会盟碑。当时唐朝为了表示对会盟的诚

丹巴景色

丹巴村寨

意，慷慨地把唐蕃边界的一些属国，特别是东女国的领地划给了吐蕃，当吐蕃得到东女国富饶的土地之后，就决定建造一道坚固的防线来保卫这些从唐朝皇帝手中得到的财富，而采用的方法居然是大规模建造碉楼。后来蒙古军队对吐蕃战争不断，随着元朝的统一，战争中止，并且和吐蕃签订了允许吐蕃自治的协议。以后各朝各代的中央政府，对丹巴一带再也没有派兵来驻扎，而当地人由于敬畏这个带有中央政府象征性的建筑，也不敢随便轻易使用，因此，碉楼成了废墟。现在的碉楼大都是明清时期的产物，而建造这些碉楼的时候，

桃坪羌寨碉楼

财富的攀比和风水的讲究，已经成了建造碉楼的主要动机。据说，当地有钱人都以拥有碉楼而自豪，他们选择村寨中最好的位置建碉，而且相互攀比高度，越富有的人，就把碉楼盖得越高。因此，碉楼的高度往往就是富人身份的一种象征。一些富人们甚至从孩子刚刚出生就开始建碉楼，直到孩子长大成人。这里还出现了丰富的多角碉，像五角碉、八角碉、十三角碉。随着时间的推移，这里的碉楼已经越来越过分地注重外在的华丽。

（二）东方的金字塔——桃坪羌寨

在众多的羌寨中，桃坪羌寨被专家学者称为神秘的“东方金字塔”。

桃坪羌寨始建于公元前 111 年，至今已有 2000 多年的历史，是世界上唯一保存完好的羌寨。进入羌寨，宛如进入了一座“迷宫”。世界上大多数古堡都是传统的设东南西北城门或出口的建筑程式，而桃坪羌寨以古堡为中心筑成了放射状的 8 个出口，8 个出口又以整个寨子底层四通八达的甬道织成路网，连结寨内的 3 座碉楼。走在幽黯诡谲弯弯曲曲的甬道内，如无人指引，一时半会还真难走出这个“八卦阵”。碉楼外面无门，想上碉楼必须从羌民住宅进入。整座碉楼有一根中心柱，贯穿了“一柱定天下”的古羌人建筑理论，与半坡遗址中的中心柱思想相一致。碉楼内的交通

桃坪羌寨碉楼

桃坪羌寨碉楼

要道是羌族独具特色的独木楼梯，从下而上楼梯呈螺旋状，梯子每格只能容下一只脚。而羌碉的窗户更是别具特色，为外小内大，呈倒斗形。这也是战争防御的需要。

羌碉分为四角、五角、六角、八角、十二角，高者达十余丈。理县佳山寨曾有一座十六层石碉，高 53.9 米，每层高 3.3 米。此碉为已知最高的石砌羌碉，可惜后来被毁。羌碉上的石块看似信手砌成，其实砌筑每一块石材，使用每一泥撑黄泥，都是有严格要求的。碉楼从外形看为一个梭台形，从每条轴线看整面墙为梯形。羌碉角线准确笔直，似木匠弹的墨线，墙表面光滑平整无以立足。而且，古羌人在修筑碉楼时将基础深挖到岩层处，加强了基脚的

5·12 地震后的桃坪羌寨碉楼仍屹立不倒

稳固性。将墙体修筑成梭形，形成多个支撑点，起到了较好的抗震作用。这说明早在两千多年前，古羌人就已掌握了先进、熟练的建筑技术。这些体现羌族传统和文化特色的建筑，连石头缝里都渗透出沧桑云烟，它们是羌族历史的见证者。这些坚固古朴历经千百年风霜雨雪的洗礼和地震等自然灾害，至今仍然完好无损的建筑，是古羌人在不绘图、不吊线、不搭架，全凭眼力，用泥土和片石垒砌而成的，令人不禁为羌族人民的聪明才智和高超的建筑技艺而深深折服。

羌族由于特殊的民族史、特殊的生活变迁、居住环境以及受生产、生活方式等的制约，长期以来形成了一种特殊的民族信仰和生活理念。走进每个羌寨，可以看到各家各户的房顶上都有白石英石，那是羌民敬奉的白石神。现在，还有不少羌民外出时身带小白石，佩带“火镰刀”，用棉花草击石取火。这个古俗一直传承了几千年。当地羌人十分喜爱歌舞，每当夜幕降临，羌族人就围着篝火喝咂酒，载歌载舞，往往是“一夜羌歌舞婆娑，不知红日已曈曈”。

七、碉楼的美丽故事

金山圩钟鼓楼

（一）巧用钟楼斗恶贼

一百多年前，位于开平沙冈潭江河畔的金山圩，百业兴旺，呈现一片繁荣昌盛的景象。金山圩侧矗立着一座碉楼，叫钟鼓楼。金山圩近郊人口密集，仅在一公里的范围内，就有十个村庄，统称“十村”。钟鼓楼就像一个伟岸而忠诚的卫士，守护着金山圩和十村人民。

钟鼓楼之所以叫钟鼓楼，是因为那时盗贼十分猖狂，经常从潭江水道来抢劫“十村”，再加上当时还没有钟表，晚上需要报时，于是十村人民在华侨的带动下，有钱出钱，有力出力，在金山圩侧建了一座碉楼，上置钟鼓，每逢晚上，击鼓报更，鸣金报匪，所以就把该碉楼称为钟鼓楼。话说一年初夏，下弦月悬挂中天，钟鼓楼的当值看守叫张劲松，是个刚猛青年。他像往常一样，圆瞪着双眼扫视着楼外的一草一木。当他正准备去敲击三鼓报更的时候，突然发现潭江上有一小船快速划来。但奇怪的是，小船没有正常驶向金山圩码头上停泊，而是驶到一处水草丛生的僻静河湾里靠岸。紧接着十三四个人爬了上来，并快速向一个村子跑去。月光中隐现着他们身上的刀枪。显然，这是海盗！张劲松明白，这些海盗无比凶残，只要他们一进入村子，就会马上劫持大量人质，强迫村民交钱交物，稍有不从，人质就必死无疑。三个月前，对岸的台山江宁圩就曾发生了一起这样的惨案。

张劲松想到这里，马上奔到铜钟前，奋力敲击起来，“当当当……”钟声激越、宏亮。

不到十秒钟，十村的钟声也回应着响起来了，接着火把齐明。十村的人们除了部分镇守村子，部分把守路口之外，其余的人都举着火把，拿着大刀长矛，冲向金山圩，冲向钟鼓楼。

此时，海盗离岸已数百米，离村子最近的也有数百米，处于中间地带。眼看着十条火龙呐喊着蜂拥而来，海盗们也胆虚了，贼首只得下令撤退，数十人全往回跑。

贼人的行踪，张劲松看得很清楚。他马上三声一组地敲响着铜钟，“当当当，当当当”，十村的人们，一听这钟声就明白，贼人要向潭江边逃了。因为十村的人早就约定暗语，连续急敲的钟声是报警，组合的钟声是一东、二西、三南、四北。现在

从碉楼楼顶远望碉楼群

三声一组就表明，贼人要向南逃了。于是火龙马上向南追去。更有近河的村子及金山圩的居民、商家，听到三声一组的钟声后，也马上横切江边，断绝了贼人的退路。

这时，海盗们也看到了危急性，于是贼首马上命令：向东突出去。于是贼人弃南向东冲去了。

张劲松的钟声又一下一下地敲响着，一时间火龙又齐齐向东涌去。

贼首火了，他对下属吼道：“坚决向东突围出去，跳潭江逃走。”于是群贼向东疾去。但贼首却只身向钟鼓楼方向急速冲来。他被钟鼓楼的钟声弄得发火了，他

碉楼一角

碉楼

开平寿田楼景观

也很明白，不消灭钟鼓楼的敲钟人，自己人就难以冲出去。

这期间的变化，张劲松也看到了。他知道这个贼人一定是来跟自己拼命的，他也知道钟鼓楼的大门一定会被贼人劈开。他想通知一些人来同自己共同战斗，可是他不知道这个钟怎样敲，因为以前是没有约定过的。既然如此，那就独自为战吧，有什么可怕的，人生能有几回搏？他想到现在是三更了，该报更了，以后是生是死，很难预料，就让自己最后一次为乡民报更吧！于是他一手击鼓报更，一手敲钟继续指挥东追。

敲了一会，张劲松在腰间插上两个铜

开平碉楼走廊

锤，拿上一条碗口粗的木棍，冲下楼去，干脆打开楼门，站到门口正中。这时，那个贼人也冲了过来。在灯光下，张劲松看清了那个贼人的摸样：四十多岁，壮实，平头，短须，没有右眉毛，那里只有一条褐色的疤痕，赤脚露胸，手里拿着一柄开山斧。看到这里，张劲松不禁脱口而出："谭光！""正是！"贼人杀气腾腾地答道。

近几年，不断流传着有关江洋大盗谭光模样的传说。眼下，已证实是这个魔鬼了。张劲松不觉血脉喷张，决心与之死拼一场。

说时迟，那时快，他们两人谁都没有再说话。谭光的开山斧直砍张劲松，张劲松也不退避，手中的木棍直捅过去。棍长斧短，棍占优势。谭光的砍招只得半路变出，变砍为横削棍子，结果棍子被削断了一截。几乎在同时，谭光的斧又变削为砍了，直向张劲松迫来。张劲松跨前一步，手中的张劲松的木棍虽被削去了一截，但仍长于谭光的开山斧。棍长斧短，还是木棍占优。谭光又一次变招，横削棍子，这一次削断了一大截。张劲松索性丢掉棍子，拔出两个铜锤。这一回，锤斧长短相当，机会均等。这时谭光连跃带砍已经迫过来了，张劲松不退反进，只见他侧身一个鱼跃，直冲过来，两人同时大吼一声。结果，张劲松的左大腿吃了一开山斧，但谭光的头也挨了一铜锤，两人同时都倒在了地上。

碉楼窗口

张劲松抹了几下腿上涌出来的血，摇摇晃晃地又站了起来，谭光甩了几下头，也摇摇晃晃地站起来了。他们怒目相对，准备再次血战一场。

再说东追的村民们，突然听到了一阵钟鼓齐鸣之声，这是什么信号？谁都说不清楚。犹豫间，几个村子的领头人聚在一起商量，一致认为：钟鼓楼可能出事了！于是决定，一半人继续东追，一半人回救钟鼓楼！正当谭光向张劲松下杀手的时候，回救的人们呐喊着、举着火把赶到了。

谭光看着这阵势，狠狠地把开山斧掷向张劲松，然后他几个后跃，退到了潭江边，纵身跳进了潭江里。

几天后，人们在潭江下游发现了几具尸体，其中有一具据说是谭光的。几天后，张劲松在村民们的爱抚和关怀下康复了，回到钟鼓楼，继续为村民击鼓报更。此后，十村的人们听到钟鼓楼的报更鼓声，都感到特别亲切、安稳。而远近的贼匪听到钟鼓楼的钟声，则胆战心惊！

（二）碉堡式的“缅甸村”

“缅甸村”，实名广成村，隶属月山镇高阳村委会，因是缅甸华侨所建，故名。该村建于1933年，共有两层高的旧房子

碉楼民居内景

小巷

12 间，分两行排列。其建筑结构式样，从远处看去像传统民居，近看又似碉楼。

关于该村的立村经过，还得从民国初年说起。当时，月山高阳有两兄弟，大的叫许纯庆（人称阿毛），小的叫许瑞庆（人称阿丁）。为了生计，兄弟两人离乡背井，前往缅甸谋生。兄弟两人之所以选择缅甸作为谋生之地，是因为缅甸与中国相邻，去那里不用太多的盘缠。

到了缅甸后，兄弟俩人生地不熟，一时不知从何做起。几经艰难，他们才在一间木器加工店找到一份杂工。为了创立一番事业，他们刻苦耐劳、勤俭节约、虚心求学。几年过去了，他们终于有了一点积蓄。满怀大志的他们，利用这些积蓄开了

碉楼旁的池塘

一间小木材加工店，专营柚木生意。由于经营有方，不出几年，他们的生意越做越大，所经营店铺由当初的一间扩展到了几十间，成了当地有名的木材经销商。

正所谓“穷在路边无人识，富在深山有远亲”，兄弟俩虽然远在他乡，但有了成就，自然就有人前来巴结。当地一些达官贵人主动找上门来，有来“化缘”的，也有来许以荣誉的，但更多的是说媒的，那些媒人像走马灯一样，送走了一个，又来一个，大有踏破许家门槛之势。“男大当婚，女大当嫁”，这是很自然的事，但由于这些女孩子个个都如花似玉，许家兄弟一时难以取舍。最后，哥哥许纯庆娶了两位太太，弟弟许瑞庆娶了三位太太。这些女人一个比一个漂亮，一个比一个聪慧，故兄弟二人都很疼爱自已的太太。许纯庆的两位太太为许纯庆生了八个儿子，许瑞庆的三位太太为许瑞庆生了十一个儿子（其中两个不幸夭折）。

“独在异乡为异客，每逢佳节倍思亲。”寄居他乡的许家兄弟虽然名成利就，但总觉得心里不踏实，每当到了中秋、春节，他们这种思乡的情绪就更加强烈。热爱祖国、热爱家乡素来是华侨的美德，许家兄弟也不例外，当他们这种思乡的情绪再也无法控制时，他们便毅然回乡。

回到家乡后，他们请来“风水”先生对高阳一些空地进行勘察。“风水”先生认为月山圩旁那块空地地势开阔，后面有众多山头环绕，又有一条河横贯村前，是一个立村建镇的好地方。最后，他们选择了这块地方作为广成村的立村之地。之后他们又请来建筑设计师，对屋地进行测量。

1933年，建成了十二间房子。此后不久，日寇大举侵犯东南亚各国，隆隆的枪炮声迫近缅甸。为了逃避战祸，许纯庆、许瑞庆的太太及儿子全部返回广成里。这些房子除留一间作私塾，一间作书馆外，

碉楼群

从碉楼楼顶向外眺望，视野开阔

其余的十间，按照大儿子分大房子、小儿子分小房或大房的一半（厅堂共用）的办法分给他们的儿子。为了不误儿子们学业，许家还请来了教师，在书馆里教孩子们识字。

正所谓“天有不测之风云，人有旦夕之祸福”，房子还未完全建好，许纯庆不幸染病去世。许纯庆的遗霜带着儿子拜别了尸骨未寒的丈夫，带着红肿的泪眼，又回到了缅甸。许瑞庆一家则留在广成里，继续繁衍生息。

（三）辉嫂智救北楼革命者

张兆辉是开平的革命领导人之一。1937 年，白色恐怖非常严重。他从广州回来就在沙冈新屋小学任教，以教师的身份作掩护，开展革命活动。

那天，他决定召开秘密会议，会址选在北楼。

北楼，是开平沙冈四卡有名的碉楼之一，因地处山岗，较为偏僻，在1937年时就已经被闲置，成了人们遗忘的角落。张兆辉选择这里作为会址，正是因为这里僻静，无人问津，再加上北楼的东、南、西三面都很开阔，便于监控敌人的行踪，该楼北靠梁金山，一有什么风吹草动，向梁金山一撤，就比较安全了。

午后，会议按时召开了，讨论加强开平的革命力量及选送一些有为青年到延安去的问题。

再说张兆辉年轻的妻子邓秀娟，又是兆辉的交通员。为了工作需要，她没有跟兆辉住在一起。那天中午，她得到上级的紧急通知，国民党反动派已探听到了北楼会议召开的消息，正在集结武装部队，实行包围袭击。情况非常危急，不容多想，她马上从许边村向梁金山脚的北楼走去，她要赶在敌人的前头通知兆辉，通知同志们撤离！如果慢了，那就遭殃了！烈日当

开平侨乡自力村碉楼周围树木环绕

空，炎热非常，但邓秀娟全然不觉，她只顾急急地向前走。

到了，快到了，北楼就在前面不到五百米的地方了！

“姑娘，请喝杯茶吧，何必着急呢。”由于她心急赶路，竟没有发现路中央站着一位中年汉子，挡住了她的去路，并微笑着邀她喝茶。

邓秀娟定了定神，发现这里是瓜田，路旁有一茅棚，显然是看瓜用的。茅棚里还有一个年纪比较大的长者，坐在那里品茶。

邓秀娟思索：冲过去是很难的，而且也没有好处。从外表观察，他们不像无赖，但他们是什么人呢？如果他们是敌人的奸细，自己硬冲过去非死即伤，那兆辉他们就惨了；如果他们是党的外围护卫，我一冲，他们会把我当成敌人的奸细，必不会让我过去的，到时候有口难言，延误时间，那还了得？

思量之后，邓秀娟笑了笑答道：“谢谢大叔，那我不客气了。”说完随那汉子步入茅棚，坐在门口的长凳上。

那汉子一边递茶一边问：“姑娘走得

开平侨乡自力村的碉楼

碉楼

这么急，请问到哪里去呢？”“走亲戚。”邓秀娟答。那人又说：“东有五福，西有六塘，南有七巷，北有八铺。不知姑娘要去哪？”邓秀娟听罢，凭直觉，这似乎是暗语，他可能是自己人，但可惜她走得急，忘了问刚才的上级来人今天的联络暗号。只以为今天自己找的是丈夫，一见面就好办了。现在，她束手无策了。不知就不能乱说，她只得老老实实地说：“大叔，小女子没到哪里去。”“那么你去哪里呢？”

开平岭南碉楼

这实在太难回答了！弄不好，会危及同志们的性命。但在这里纠缠多一秒钟，同志们就多一分危险！她非常着急，不知如何是好。突然，她想起一件事来：那年她和兆辉结婚不久，就到广州去参加党务学习，在那里几位极要好的同志得知他们新婚不久，就要他们派喜糖，那晚气氛祥和热烈。她最记得的是有位叫周文雍的年纪不大的同志，他闹新房时特别有兴致。他先出了一些对联让她对，她都一一对上了。之后，他又出了一个字谜让她猜，他说：“左边看来三十一，右边看来一十三，两边合起来看三百二十三。”她心里就想，这不是个“非”字吗？因为“非”和“辉”

朴素典雅的碉楼

在开平话中是同音的，她的脸不觉红了。在众人的起哄下，她只得说出谜底“非”字。周文雍和同志们都笑了起来，都说她是才女。现在，邓秀娟想，周文雍是广东有名的革命领导人，他闹新房这件事说不定会当笑话在党内流传吧，不管怎样，她都要搏一搏了。于是她对那汉子说：“大叔，我要去的地方是：左边三十一，右边一十三，两边合起来嘛三百二十三。”

此言一出，坐在棚里一直没有出声的老者，突然说：“姑娘，你是辉嫂吧！”这句话就是最好的暗号，说明在座的都是自已人。邓秀娟激动非常，但她来不及多说，只短促地对两人说：“快，快，狼狗来了，快叫同志们向山上撤！”

5 分钟后，在北楼开会的同志们都有序地向梁金山撤走了。10 分钟后，一队队“黄狗”从寺前圩、振华圩、金山圩向北楼包抄过来。20 分钟后，“黄狗”团团围住北楼，吼吼大叫，耀武扬威。待他们冲进北楼一看，却是人去楼空，只有一两个烟蒂，还冒着一点微弱的余烟。“黄狗”一个个气得直跺脚。